文化中国结

李　钉 ◎ 著

北京工艺美术出版社

图书在版编目（CIP）数据

文化中国结/李钉著．北京：北京工艺美术出版社，
2011.1
ISBN 978-7-80526-998-6

Ⅰ.①文... Ⅱ.①李 Ⅲ.①绳结－手工艺品－制作
－中国 Ⅳ.①TS935.5

中国版本图书馆CIP数据核字（2010）第242944号

出 版 人：陈高潮
责任编辑：邵 华
装帧设计：符 赋
版式制作：印 华
责任印制：宋朝晖

文化中国结

李钉 著

出版发行	北京工艺美术出版社	
地 址	北京市东城区和平里七区16号	
邮 编	100013	
电 话	（010）84255105（总编室）	
	（010）64283627（编辑室）	
	（010）64283671（发行部）	
传 真	（010）64280045/84255105	
网 址	www.gmcbs.cn	
经 销	全国新华书店	
印 刷	北京翔利印刷有限公司	
开 本	710毫米×1000毫米 1/16	
印 张	5.5	
版 次	2011年1月第1版	
印 次	2011年1月第1次印刷	
印 数	1～3000	
书 号	ISBN 978-7-80526-998-6/J·898	
定 价	28.00元	

用斜卷结编成的兔子

作者简介

李钉，女，1952年生。退休中学美术教师、民间艺术家，中国民间文艺家协会会员，北京市民间文艺家协会会员。擅长绳艺立体编与绳艺彩绘挂蛋艺术。

她受祖母的培养和熏陶，六岁开始学习编织、缝纫等手工，迄今绳龄已有五十多年。退休后，她将大部分的时间都用在了发展和弘扬绳结文化上。

1975年，甘肃人民出版社出版发行了李钉创作的《公社半边天》四扇屏组合年画。

2003年元月，中央电视台3套《走进幕后》栏目播出《中国民间工艺系列第44集：绳艺彩绘挂蛋·李钉》，从此得名"中国绳艺彩绘挂蛋第一人"。

2005年3月，首都博物馆永久性收藏李钉创作的中国结主题挂件——申奥中国结。

2005年，北京市西城区在全区评选出12户挂牌"家庭艺术馆"，李钉家庭的绳编艺术列位其中，多家媒体竞相报道。《中国青年报》给李钉冠以"中国绳艺立体编第一人"的称谓。

2006年，中国建材工业出版社相继出版发行了李钉编著的《戌狗》和《亥猪》两本有关绳艺立体编的工艺技法书籍，为国家图书收藏中国绳艺立体编的教材数据库增加了新的资料。

2008年，李钉的家庭被北京市文化局评为北京市200户挂牌的"北京市文化艺术家庭"。这年，北京举办第29届奥林匹克运动会，西城文委和外事局又命名李钉家庭为"境外媒体特许采访家庭"，并专门为她制作了三分钟宣传小片，向世界介绍中国的民间手工艺人。李钉为文化北京的发展贡献了自己的力量。

2009年11月，由中国文联主办的《中国文艺家》杂志第11期登载《赋予绳子生命的人——记民间艺术家李钉》的报道。

2010年7月，李钉被北京西城文委推荐到文化部"文化行业高技能人才库"。

2009年年底，我发现了一个有数以万计注册会员的网站，汇聚了许多绳结艺术水平很高的人士，并且专门设有中国结论坛。这个网站内容设置很有条理，提倡帮助与分享，互助与友爱，是一个健康求知、快乐沟通的网络世界，也是一个绳结爱好者理想的乐园。

为了不打扰任何人，我以"绳缘"的网名注册成会员加入了这个网站。并在《结艺交流》版块连发了四帖关于编结技巧的文章，开始被许多绳友关注，版主也主动开辟了《绳缘专栏》。我发现广大绳结爱好者不光对编结技巧渴望，更希望得到中国结的文化根源与启蒙知识的信息。于是，我几乎一两天就在网上发一篇文章，文章的主标题就是文化中国结。后来，网友发现了我的真实身份，我也就"浮出水面"了。版主和网友非常高兴，还为此专门开辟了《中国结文化》版块，这使我很受感动和鼓励。此后，我在版块中先后发表了三十篇文章，以满足大家对初步了解中国结文化的需求。

为了让更多的绳结爱好者了解中国结文化的内涵，抢救非物质文化遗产，弘扬中国传统文化，北京工艺美术出版社决定出版我的这本书。在此，我要替绳迷朋友向出版社道声谢谢!

绳艺顾名思义是绳子的艺术，属工艺美术的门类。在美化生活、装饰家居方面都能见到它的影子。各个国家各个民族都有自己的绳结艺术特色。中国的绳结艺术分为两种不同的表现形式——平面结式和立体结式，又被称作传统中国结与立体绳编艺术。这里所说的立体绳编，是近现代在继承传统绳艺的基础上发展的新绳编艺术形式，又被称作"绳艺软雕塑"。因为在创作过程中加了现代美术造型的艺术理念，所以才会有这样的艺术称谓。所谓"软雕塑"是相对泥塑、面塑存放一段时间后，会变干变硬而言的，而绳子塑形永远是软的。

无论是平面的，还是立体的绳编艺术，都是由绳子编成结的形式构成，因此都属于绳结艺术的范畴。中国人结绳记事已有五千多年的历史，中国结不仅表现出美的形式和精巧的结构，并且已成为富涵人文精神且制作精美的文化遗产。宋代词人张先写过"心似双丝网，中有千千结"的诗句。在古典文学中，"结"一直象征着青年男女之间缠绵的情思，人类的情感有多么丰富多彩，"结"就有多少的千变万化，这就是中国人情感中的结文化。中国结中寄托了人们美好的祝福与祈盼。

中国绳结在不断地演变，开始时是小事用小结，大事用大结；捆个树枝是一种象征，绑块石头又是一种意思。后来人类不断地进步，结就有了名称：同心结、如意结、酢浆草结、团锦结、藻井结……从单结构酢浆草结上下经纬演变成双耳盘长，三耳、四耳、五耳盘长等，用一种结式做成符，传递这些结里喻示的信息。中国人的祖先对绳文化就像对神一样崇拜。中国结文化，应该明确它所要寓意的含义，这就是结的文化内涵。

将不同寓意的基本结加以组合，中间配以合适的饰物，便成为富含文化底蕴，能表示美好祝福，又有精美华丽形式的工艺品。

要继承传统，弘扬绳结艺术，并使其有良好的发展前景，必须要有文化理论的支撑。改革开放以来，用传统文化作铺垫才有中国绳结艺术的发展性，中国结才可能成为民族精神具体代言的艺术品。精神与物质的完美结合，文化是一座桥梁。中国绳艺的结文化，这项非物质文化遗产的传承非常不容易，因为受到材质保存的限制，明代能留到现代的实物几乎没有，所能见到年代最久远的，也只有清代的作品，所以挖掘开发中国绳结艺术还得靠我们不懈的努力。我们不仅要寻找保留在民间的传承技艺，还要在古籍文物中去探寻，并赋予它新的生命。只有这样做，中国绳结艺术在我们这代人手里才能真正得以承袭。

时下，有许多人喜欢中国绳编艺术，热爱中国结，想学习，想亲手编。希望这本书告诉大家，无论是平面的中国结，还是立体的造型编，都有学习的技巧与方法，一点也不神秘。学中国编结艺术唯一的要求就是需要您心静气和，这才是最为关键的条件。

编结是一门情趣高雅的艺术活动，可以陶冶性情，修身养性。要参照图解，经常练习。编结时要记清楚线的走向，是上还是下，是压还是穿。三分编，七分调。刚编出的结形是一个松散的结构，要经过调整抽形，才能成型。人在心静气和时，才能调整到思维与手协调的最佳状态，您才会收获事半功倍、意想不到的效果。

这本书有别于以往单纯教编结技法的教材，它要告诉您什么是中国结文化。比如：什么是基本结编结技法中的窍门；什么是绳有绳味，结有韵味；什么是色彩里面的有理色；什么是编结所谓有理数字的秘密；什么是通过结式所传达的寓意；什么结式在中国人看来会犯忌讳；什么地方适合挂什么样的结式；怎样挂中国结会有视错效果；为什么把主题中国结看成活的画幅；为什么说编结能修身养性……编结最终要培养一种什么样的修养？

书内如有您认为有不对的地方，欢迎到我个人网站"李钉坊"来坐坐，提出宝贵意见，我静候并欢迎您的光临指导。

李 钉
2010年3月18日写于北京

目录

第一章　中国绳艺的结文化

数千年光阴，弹指一挥间。人类的记事方式已经从结绳与简牍、纸与笔、火与铅、光与电进化到微波、光纤与数字的时代。如今，在笔记本电脑的方寸之间，轻触键盘，上千年的历史就可以尽收眼底。不起眼的绳子，早已不是人们辅助记忆的工具，但当它被编成各式各样的绳结时，却复活了一个个古老而美丽的传说。通过这小小的绳结，传递着中国传统的古代文明。

中国的绳文化起源于哪里？中国的绳结如何表现独特的寓意？中国人的绳缘是什么……如果把绳子、绳艺与文化联系起来，不难看出中国民族文化传统的承袭。绳子有人缘，文化在其中。

第一节　中国结文化的起源

中国结文化的起源，要追溯到五千多年前，从先祖的结绳记事开始。

据《易·系辞》载："上古结绳而治，后世圣人易之以书契。"东汉的郑玄也在《周易注》中道："结绳为约，事大，大结其绳，事小，小结其绳。"可见，在远古"结"被先民们赋予了"契"和"约"的诚信功能，同时还有记载各种历史事件的作用，因此，"结"备受人们的尊重。那时的人们已经会使用最原始的绳子了。他们把编制绳类的纤维植物做成保暖的服饰，还用绳子打个大结记大事，打个小结记小事。

中国结的形成贯穿于整个人类的发展史，积淀着漫长的古代文明，渗透着中华民族独特的文化精髓，体现着博大精深的文化底蕴。

相传伏羲氏创立学说之初，把绳子拉直就是我们概念理解的"一"，这个"一"就是代表原始。一根绳子可以无限延长，但是无论多长，用时则必须截断，这就是一生二、二生三、三生万物的理论。因此，就有了"一"画开天地之说。

在中国结的文化中，同样贯穿着"一"画开天，一生二、二生三、三生万物的道理。现在用绳子一根，截断成二，二再有三，也就是有许多断得一截一截的杂色短绳，将它们衔接起来，并按照编绳结的结构走绳，搭配几款不同的基本结，最后完成一个造型繁复的结，这就是生万物的理念。完成初编后，我们再用一根红绳穿引，将杂色短绳替换，这个结就变成了统一的红色结，同时又是用一根绳从始至终完成的，绳子本身就又回到一画的起点。这时候，这个美丽的结最后结尾并行的两根绳子头，刚好是一根阳极与一根阴极。不信的话，到后面你学会编结后，可以用剪刀尖试着挑一下，这根阴极会露出来一根毛绳头，你一拽它，很快就可以把整根绳拆散了。可是那根阳极的绳头，你只能用锋利的剪刀尖才可以解剖它，否则你是很难把整根绳拆散的。

生活中的绳子大家天天见，可是用它编成不同造型的结式后，绳子本身的意义就变了，也就是从这时候起，人们赋予了它编成绳结的文化意义。

第二节　中国结文化的内涵

中国结是什么文化？中国结是传递情感文化的载体。

据说中国结又叫"盘长结"。它作为一种装饰艺术始于唐宋时期，到了明清时期，人们开始给更多的结命名，给它赋予了更加丰富的文化内涵。比如：没有耳翼的方胜结代表着长胜平安；如意结代表着吉祥如意；双鱼结是吉庆有余的缩写，等等。在那时，人们生活中的结艺运用达到鼎盛。"交丝结龙凤，镂彩织云霞，一寸同心缕，千年长命花。"在古代诗人的词句中，结艺已经到了"织云霞"的意境，足见当时的盛况。中国结是中国在几千年发展的文明历史进程中光辉灿烂的民俗产物。

又会有人问，民俗是怎么回事？《管子·正世》中有"古之欲正世调天下者，必先观国政，料事务，察民俗……"其中的民俗是指几千年来人们在生活中积累的生活、生产、风尚习俗等情况。

中国结是中华民族的民俗习惯的产物，是民间非物质文化遗产。非物质文化遗产体现了我们民族最原初的状态，体现了我们祖先最原始的思维模式，而且还体现了中华民族的创造力和审美思想，是值得我们倍加珍视的精神家园。中国结是我们从祖先那里代代相传、言传身教传承下来的，这就是

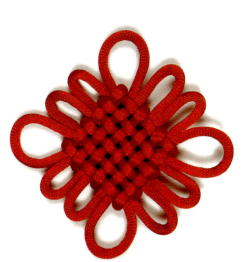

盘长结

在新婚洞房里挂缦帐的钩上装饰一个盘长结，寓意这一对新婚夫妻要永远相依相随，顺顺利利，永不分离。

蝴蝶结

蝴蝶结是由双钱结与盘长结组合而成的。在旱烟袋上装饰一个蝴蝶结，"蝴"与"福"谐音，蝴蝶代表福寿，烟杆总举在眼前，代表长寿。所以寓意福在眼前，福运迭至。

承袭的脉络，文化是有根的。

据传说："女娲引绳在泥中，举以为人。"因为绳子像盘曲的蛇龙，而中国人自认为是龙的传人。"龙"是中国的神，也是中国人的图腾，人们世世代代崇拜它。龙是中国人的精神依托。古人把"绳"字与"神"字的读音认为是相同的。又由于龙蛇与绳子在形式上有共同的特点，因此，人们认为绳子是更神秘的载体。用绳子编结出代表情感的图形就是传情达意的图腾。

中国人崇拜绳结，因为它也是一个表示力量、和谐，并充满美好情感的字眼。事物有始就会有终，于是便有了"结果"、"结局"、"结束"。"结"与"吉"也是谐音，"吉"有着丰富多彩的内容，福、禄、寿、喜、财、安、康……无一不属于吉字的范畴。"吉"是人类永恒追求的主题。编绳结这种民间技艺，承载着生命力的形式美，在民间不断地生长和繁衍。所以，在整个中华文明的进程中，它是一份厚重的文化遗产，也就自然作为中国传统文化的精髓，历经千年，经久不衰。

中国结不仅具有造型、色彩之美，而且皆因其形意而得名。如在佛教

第三节　中国结的现代传承与发展

中国结全称应为"中国传统装饰结"，它是一种中华民族特有的手工编结工艺品，具有悠久的历史。

纵观中华服饰五千年的历史，最早我们先民的衣服上是没有纽扣的，所有的衣服只有用绳带打结来穿用，在统治阶级贵族的生活中，绶带与绳结是代表他们身份和等级的象征。纽扣是胡服上出现的简单实用的绳结，后来，衣服上的绳与带慢慢被纽扣所代替。

东晋大画家顾恺之所绘的《女史箴图》画卷，相当真实地反映了当时的贵族妇女服装的情况。在画中仕女的腰带上，就佩戴有单翼的简易蝴蝶结。另外，在唐代永泰公主墓的壁画中，有一位仕女腰带上的装饰结，也是我们现在惯称的"蝴蝶结"。

到了清代，绳结俨然成为一门实用性艺术，样式繁多，花样精巧。在那时，作为装饰的绳结的普及度十分广泛，涉及生活中的大小用常，如轿衣穗子、幔帐行头、帐钩装饰、披风肩坠、笛箫配饰、香囊挂件袋、旱烟袋等物件下方常编有美观的装饰结。这些结必有它吉祥的含意。中国人崇尚玉文化，一向有佩玉的习惯。历代的佩玉形制上都钻有圆孔，以便于绳子穿过，将这些玉佩配系在腰间。在过去的那些时代里，作为吉祥符的中国传统的绳结艺术在民俗文化中具有举足轻重的地位。

蝶恋花

蝴蝶与花朵及叶子的象形结。

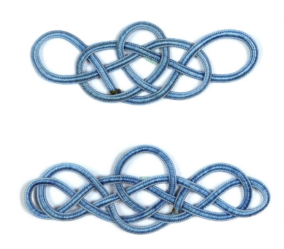

酢浆草编寿字结

　　"寿"字是篆书体的写法，直接与字象形。

祥云结

　　形体像卷曲的云朵，象形结。

磬结

　　"磬"字取"庆"字的谐音，寓意喜庆与庆贺。

绳结艺术基本结的形式多为上下一致、左右对称、正反相同，首尾可以互相衔接的完整造型。一根绳子通过绾、穿、缠、绕、编、压、挑、抽、掀、扭等多种工艺技巧，严格地按照一定的章法反复有秩、连绵循序地编制成美丽的中国结。同时用几个简单的不同结式进行更复杂结构的艺术创作，就构成了赋予新的文化内涵的又一款新颖的结式。这就是绳结艺术变化组合时形似万花筒般的艺术魅力所在。

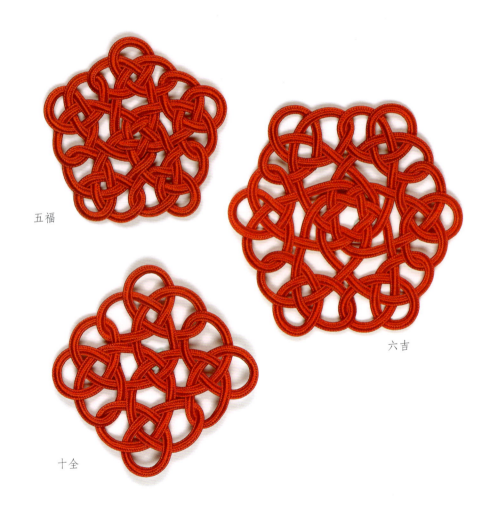

五福

六吉

十全

五福　六吉　十全

　　这是古老的花箍结系列，也常被运用在其他中国传统工艺的设计图案上。

中国结的样式巧妙利用生活中的自然形态或谐音而取其意。如用"吉字结"、"馨结"、"鱼结"搭配就成为"吉庆有余"的组合结；以形似的"蝙蝠结"加上"金钱结"，可组成"福在眼前"组合结。以此类推又有了"福寿和谐"、"如意吉祥"、"五福庆寿"、"富贵如意"、"双喜临门"等祈福的内涵，中国结理所当然地被作为民间祈祷的符号，成为世代相传的吉祥饰物被广泛流传。

如今，巧手的人们看中它既有动手DIY的有趣效果，又具有东方文化的巧妙精致的神韵，就把它重新寻找回来，为当今的时尚生活添加东方的艺术色彩。中国结与现代生活相结合，已逐渐充盈在各个流通领域，其产品已发展成两大系列：吉祥挂饰系列和结艺搭配服饰系列。每个系列又包括多个品种，如吉祥挂饰系列有大型壁挂、室内挂件、汽车挂件等，作为在春节、开业、宴会等喜庆活动场所用于悬挂的饰物，是乔迁、贺寿、贺喜、节日用的吉庆礼品。结艺搭配服饰系列有戒指、耳坠、手链、项链、腰带、古典盘扣、胸花等，还有时下年轻人认为最为时髦的各种手机挂件、妇女和儿童用的背包的配饰。另外一类也属于礼品，如近现代创始的新编绳艺——绳艺立体编软雕塑作品。这些都是时下热爱中国文化的人们的新宠，在服装服饰、现代家居生活、礼仪公关中发挥其作为典雅的文化饰品和艺术品装潢的独特价值，并被广泛开发和利用，这就是最现实的文化传承。因为在现代人生活中有可利用的价值，中国结才有了生存的条件，同时也具备了市场效应，具有可操作的空间。

改革开放三十年来，中国结的事业从无到有，再到今天成为代表民族艺术特色和民族精神寄托的商品红遍全中国，流传到全世界，这是翻天覆地的变化。民族的就是世界的，中国结艺术已经证明了这一点。2008年的北京奥运会，让世界重新认识了今日的中国，也使中国人在世界大家庭中的地位明显提升。中国绳编艺术、中国结的春天来到了。我们要让这朵美丽的文化艺术奇葩更灿烂茁壮地成长，并能不断地创新和繁荣。因为艺术无国界，国家强盛，艺术就繁荣。

编中国结是一件严谨细致的工作，编结的过程就是修为与历练的过程。总想着速成的人，心躁气浮，内心不安静，没有留出思考的空间。天趣人意是在心中宁静时感受时间的消耗才得来的。用毅力和智慧感受每一个中国结的编程，才能熟练地掌握这门神奇曼妙的技能。在宁静中

9

和谐幸福主题组合结　　兰亭

胡波老师不仅能编传统中国结，而且还能在传统结的基础上有所创新。他在纽扣结的基础上设计了多瓣纽扣结，在十字结的基础上设计了六瓣花结、宝花结，在万字结的基础上设计了六瓣锁结、八瓣锁结、宝花锁结，在藻井结的基础上设计了同心藻井结、六瓣藻井结，在穿包套结的基础上设计了花边结，例如花边盘长、花边团锦、花边宝结。另外他自己创新发明的冰花结、旋叶结、太阳花结、富贵结、多耳藻井结等多个新型结，适合连体徒手编，可以非常灵活地组成任意大小、任何形状的组合结。他亲手绘制编绳教程系列图谱在网上传授，他不图回报的无私奉献精神感动了许多人。

冰花结　　胡波

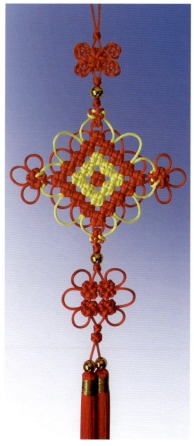

旋叶结　　胡波

六耳藻井结　　胡波

第二章　中国传统结的色彩感知

编传统装饰中国结，所用的色彩是最让人有直观感受的。用什么色彩，传递什么样的感知，也就成为编传统装饰结首先要了解的内容。中国传统文化中的色彩是有理论概念的，传承了千百年。它不单纯是我们视野里的色彩，更是色彩中的文化与生活，与我们的繁衍生息有着同样的气息脉搏。

第一节　美术绘画中的色彩感知

色彩学是从太阳光谱的理论衍生出来的。赤、橙、黄、绿、青、蓝、紫，像中国传统文化的太极图一样，此消彼长，阴阳变化。当然，美术术语的说法不同，色彩不是以阴阳论，而是从冷与暖中体会一种感知。色彩的基础色是三原色：红、黄、蓝。在三原色的色环之间有三间色：绿、橙、紫。三原色聚合重叠在一起由赭色变成黑色。所有的色彩在极强的光照下又都变为白色。白色加入任何饱和色中，都可提高其亮度，降低其饱和度。黑色加入任何色彩中，都会使之晦暗、污浊。色彩中红色与黄色称为暖色系列色调，蓝色与紫色称为冷色系列色调，灰色与赭色称为中性色调。

人们在感知色彩时，会用冷、暖区别色彩的成分。如蓝色加黄色变成绿色，这种绿色如果偏蓝就称为偏冷，偏黄就称为偏暖；红色加黄色变为橙色，偏红就是橘红色称为偏暖，偏黄则是橙色称为偏亮……色彩在三原色的基础上，在加减的搭配中演变成五彩缤纷。

中国传统色彩是特殊的理论，与西方绘画色彩的理论不同。但是从阴阳角度又有些联系，如西方把红色称暖色调，把蓝色称冷色调；把黄色称作明，把黑色称作暗。暖和冷与明和暗正合了阳和阴的概念。五行中的五色也有阴阳：火为纯阳、木为少阳、水为纯阴、金为少阴，土在中间骑两头。

在绘画中，画家对色彩的追求是没有止境的。人们的审美取向不同，因此对色彩的感知也各不相同。色彩与音符一样是渲染情感的代表，有哀伤与喜悦，沉闷与开朗。用色彩表现情感的手法多种多样：高低明暗、冷暖对比、疏密繁简、朴实夸张、洁净污浊、虚实远近、跳跃沉稳、轻重大小等，以对立统一做协调，这些是绘画用色的大致规律。总之，出发点是用色彩的语言表达感官上的认知和效果，这就是绘画中的色彩。

第二节　中国传统文化的色彩论

绿木字结

红火字结

黄土字结

白金字结

黑水字结

中国传统文化中渗透着八卦太极、易经和五行，在中国人的生活中处处都有体现。

中国人的五行论和宇宙间的许多事物都有关联。中国人讲的五行是宇宙间的木、火、土、金、水。对应五行的五色是青、赤、黄、白、黑。

中国人用五行包罗万象。用五行理论勘地理风水，建楼台殿阁，用五行理论定制等级礼仪及婚丧嫁娶的规矩等，色彩也涵盖在其中，而且很有讲究。在使用色彩的观念里，是不能单纯停留在感官认知的层面上的。因为它不是画，是生活。

在民俗活动中，有很多人不太理解，为什么满大街挂的中国结都是红色的？为什么不能用黑、蓝、绿、紫、黄、白等其他颜色替代呢？其实，作为祝福、庆贺的礼品，所用色彩是很有讲究的。如果使用色彩不得当，从寓意出发会产生与祝福、庆贺完全相反的意思。编中国结图的是吉利，就必须知道这里的道理。

下面把与五行的对应色介绍给大家：木对应绿色（绿木字结），火对应红色（红火字结），土对应黄色（黄土字结），金对应白色（白金字结），水对应黑色（黑水字结）。

第三章　传统的象形元素与寓意

中国结是像文字符号一样的语言。现在很多人编的结不能称之为文化艺术作品，主要是因为主题不突出，缺乏文化内涵。

其实，在创作中国结之前与美术绘画是异曲同工的。绘画起稿之前必须意在笔先，讲究构图、结构、比例、透视、大小、虚实、色调，要突出主题，要尽力做到尽善尽美。艺术是相通的，加入了绘画色彩理念的中国结是有思想、有灵感的艺术作品。

中国结技艺高手要向高端主题中国结进军，这才是中国结文化走向文化浪潮高峰的出路。通过中国结的教与学，切磋探讨，使中国人乃至全世界的人们，开始认识和了解中国结式代表的语言，通过编结了解中国人所表达的情感寓意。

第一节　结式元素，结构象形

每一种文化都有它的文化内涵。中国结当然更应该明确它所要表达的寓意，这就是文化元素。中国结一般都有象形元素，或借物的谐音，或用意拟形，或在汉字里和图案中寻找象形元素，总之是取一种有寓意的抽象的符号。

我们每编一个结就应该代表一个深刻的含义，不然就不是地道的吉祥符文化。但是让人看不懂这结有什么含义，这个结就是编得再漂亮、再精致复杂，充其量也就是万花筒中的图案，不能称为文化的元素。文化元素，要有像中国象形文字的特点，让人能看得懂，才有使用的意义。中国结之所以要讲文化，其中最重要的就是要有艺术个性。在具体象形、谐音、形状达不到效果的时候，中国象形文字就是最好的数据库，如寿、福、禧、财、乐……中国字就是符号，可以给中国结提供准确的象形元素。

例如唐朝有个虢国夫人，长得丰满妩媚，非常漂亮。唐玄宗每月给她十万钱作为脂粉开支，让她装扮自己。但虢国夫人却经常不施脂粉，直接面见皇上。玄宗看到满宫佳丽都是浓妆艳抹，唯独虢国夫人清水芙蓉，雅态清秀，流露出一种天然的纯情，于是盛赞其丽姿美貌，非常宠爱虢国夫人。后人张佑有诗云："虢国夫人承主恩，平明骑马入宫门。却嫌脂粉污颜色，淡扫蛾眉朝至尊。"后来的一句成语"素面朝天"就是出自这个典故，这说明虢国夫人美丽出众。

在《虢国夫人》彩蛋下面怎样设计编结来符合主题呢，左思右想，最后编了一个"美"字结来扣题，完成了这件绳艺彩蛋组合的作品。

符号在中国结文化中相当重要，是传情达意的信物依据。编结要向有益文化发展的方向努力，这才是发展中华民族文化传统的途径。中国传统装饰结要像汉字的符号一样作为我们民族的"另类语言"文化发扬光大。

字结

虢国夫人

在鹅蛋壳上彩绘古代人物故事，蛋的正面是绘画，背面是诗词。用中国结的形式把彩蛋悬挂起来，即用中国结装饰彩蛋，也借彩蛋上的故事诠释中国结的编结寓意，把中国文化的几种形式相得益彰地融为一体。

绳艺彩绘挂蛋作品

东阳木雕

第二节 元素抽象，配饰补充

　　中国结是抽象的符号艺术。编一幅大型的主题组合结，单用绳子，在艺术的文化层面难度很大，还显得单调呆板，也不能提高艺术档次。需要利用各种配饰补充象形元素所要表达的寓意。绳艺彩绘挂蛋作品就是利用彩蛋上画的人物故事和诗词来衬托中图结的内涵。

　　红色对应五行中的火，而绳材质本身是属木性的（在古代一些绳材是由麻、棉、丝等做的，归五行木属），所以为求平安在结中间配一个瓶子做装饰，应该选瓷质的为好。还有古代曾候乙编钟，是不能与结搭配的。所以在选配饰时，一定要慎重，要了解清楚配饰的个性与特质，不然编中国结就失去了意义。

从美学的角度选择配饰，个头太大，造型一般，过于笨重，色彩不雅的东西也不适合搭配中国结，会毁了绳艺的艺术价值。一件好的配饰是成就中国结艺术的元素。

浙江东阳的香樟木雕刻花板，是建筑家居装饰的构件，是中国传统的手工艺品，从唐朝至今有上千年历史。它做工精细，图案精美，款式造型多样，有许多传统吉祥的内容，文化底蕴丰厚，与中国结搭配可以说是天造地设。比如，牡丹花在民俗文化中具有富贵的寓意，可是绳编结式有难度，用雕花板的牡丹花图案做配饰，丰富了主题中国结富贵荣华的内涵寓意，使中国结的文化元素更具象完美。香樟木材有香气，不怕虫蛀，不易霉变，挂在居室还可祛蚊，净化空气。木质本身的颜色与中国红不冲突。板材不重，木纹肌理清晰，木头与绳子不同材质的肌理又暗合刚柔相济的阴阳说，这两种艺术相得益彰地统一在一种风格中。木雕艺术形式具象，绳结艺术形式抽象，刚好在艺术形式上互补。作为主题组合结的配饰，雕花板是硬雕刻，中国结是软雕塑，艺术手法上是一减一加，是中国手工艺术搭配的极致。

在选择雕花板时尺寸以不超过30厘米为宜，再大就变蠢了，也不能太小，小了结饰就没有气势了。编绳子一般用5号绳即可，4号绳相对粗些，结饰也大些，相比5号绳编出来的中国结与木雕搭配，4号绳编就不够精美。

其实在我们身边的中国结配饰很多，没必要千篇一律地去找相同的东西，别具一格更有风味。比如，北京特产的九保桃的核，山核桃，花生壳、木佛珠、木玩偶、塑料珠、瓷珠、玉件、绳编珠、荷包、中药丸的球壳……都可以用作编结配饰。只要构思好，同样可以出彩。

另外，生长在南方水里的菱角也是个不错的配饰。菱角长得酷似蝙蝠形状，名字"菱"谐音是"灵"，充分发挥你的想象吧，这是个有情、有趣、有理的小东西，做配饰也很好。

我们要想使中国传统装饰结的艺术标准向高端发展，就应当参考其他各类传统文化的优秀艺术品的特长，让它能够扬长避短，与配饰能够互帮互衬，强强联手，搭配得当，就有可能提高文化含量，成为综合艺术极佳的高端作品。

红金鱼

　　龙睛金鱼那两个像灯笼似的鱼眼睛与美丽像大花瓣似的尾翼,是整个作品的点睛之处。金鱼有别于黄河文化中的赤鲤,是一种像精灵般可爱的物种。结式造型韵味十足,比鲤鱼造型更入画。

第三节　吉庆有余,金鱼赤鲤

　　中国结的结式要有主题思想,不同组合有不同的寓意。在编中国结挂饰时,常见人们把鱼编在结的上面。人们总想生活能过得富裕些,所以喜欢借"鱼"的谐音,求得富贵。鱼的民间传说故事很多,"吉庆有余"就是一个。

　　每年春节人们买年画,总能见到有一个三尺童儿戏赤鲤的形象的年画,谓之"吉庆有余(鱼)"。这个题材传承了上千年,经久不衰,是中国民俗传统中最受欢迎的题材。

　　民间传说汉代黄河边上有个贫苦的孤儿名叫吉庆,靠在黄河上背纤为生。吉庆有一身好水性,踏浪泅水,如履平地。他为人心地善良,经常帮助坐船的客人从水中打捞不慎落水的物品。

　　有一天,吉庆救了一条红色鲤鱼,鲤鱼为了报恩,送给吉庆四个足金元宝。每个金锭上都刻有四字铭文,合起来是"九登禹门,三游洞庭,愧不成龙,来富吉庆"。

　　从此,吉庆得鱼变富的故事传开了。许多人非常羡慕,也想弄尾发财的赤鲤来喂养,称红色的鲤鱼作"元宝鱼"。时间一长,"有鱼"讹为"有余",依然是祈盼富裕的祝颂之辞。难觅赤鲤的人,就贴瑞图替代,或绘童子执戟挂磬,抱红鱼嬉戏,以"戟"谐"吉"字音,以"磬"谐"庆"字音,或再添莲花、莲叶,还画上大鲇鱼,就叫"连年有余"了。

　　中国结只要有编磬(庆)结、戟(吉)结、鱼(余)结等这几个元素,就是吉庆有余的主题,吉庆有余也是典型的民俗文化标志。关于鱼的内容还有许多,比如鲤跃龙门、鲤鱼姻缘的故事,还有吉祥八宝之一的金鱼等都是结文化可用的元素。

在北京有座雍和宫，是乾隆皇帝出生的地方，也是他做皇帝之前的居所。在雍和宫的法物说明册里记有"八吉祥"，又称"吉祥八宝"。金鱼是佛家法器中的吉祥第七宝。

金鱼是水中活物，按五行讲，水属阴。阳在上，阴在下。吉、庆的结饰一定编在结式上方，鱼放在整个结式的下方。

大禹凿门和鲤跃龙门的故事，在民间流传甚广，《水经注》《三秦记》等古籍均有记载。唐代诗仙李白诗云"黄河三尺鲤，本在孟津居。点额不成龙，归来伴凡鱼"也是用的这个典故。人们还用"登龙门"来比喻因得到有力者的援引而致显耀的人。在科举时代，参加会试获得进士功名的人，也被称作"登龙门"。

作为吉祥图画的鲤鱼跳龙门，既是传说的形象表述，也寄托着人们祈盼飞黄腾达、一跃高升的美好愿望。尤其是希望子女靠读书应试去博取功名前程的人家，都把它当作幸运来临的象征。

用在编中国结的创意中，鲤跃龙门与吉庆有余（鱼）所指的"鱼"是不同的概念。跃龙门的鲤鱼可以在组合结的上方安排，因为这条鲤鱼已具有"龙"的意义了。龙的位置在上方，它的下面必须要有龙门意义的结式，不然这个典故的寓意就不成立了。龙门结式可仁者见仁，智者见智，有很大的想象空间，大致可以从宝门结式演绎变化。鱼的上边可以编花庆结、盘长耳翼变化结、高升耳翼变化结、团锦结等作为序曲结式，再编鱼结式，这样会更增加韵味。在龙门结式下面还要添加哪些结式，根据自己理解的寓意而定。这个主题结，就叫"鲤跃龙门"，意为高升腾达，前程似锦。

吉庆有鱼主题结局部：
放大的磬结和鱼

兰亭老师编的这件中国结，用的配饰是甘肃省庆阳地区的民俗特色工艺荷包，此荷包的造型就是黄河文化的赤鲤形象，它与金鱼是不同的。

第四节　双履取意，和谐幸福

有人编一双鞋配在中国结挂饰上，说是"有鞋无邪"的寓意。

要编鞋子，一定要编成双成对的鞋。鞋成双才有相伴和谐、携手偕老等寓意。喜剧演员小沈阳，在春节晚会的小品中说：眼睛一闭一睁，一天过去了。眼睛一闭不睁，一辈子过去了。鞋也是一样：鞋一穿一脱，一天过去了。鞋一穿不脱，一辈子也过去了。鞋子成双成对，是形容夫妇两人出双入对相伴走过一生。

在父母生日或庆贺金婚、钻石婚时，可以考虑用自己亲手编的中国结向父母献上最真挚的美好祝福。双履可以做主题，配以寿字结、花庆结、同心结、万代结、蝴蝶结、蝙蝠结、盘长变翼结、圆满平安结等，结式花样很多，按照自己的寓意来搭配，把绳结的绳味韵味都考虑进去。相信一定能创作出寓意深情、如诗如画的好作品来。

双履印谶志相同，
采撷艰辛携为荣。
有鞋无邪走正道，
和谐相伴偕知足。

这就是中国传统装饰结取物件的深意来做元素，用寓意深奥的绳结来传递文化的一种表现形式。

和谐幸福主题结局部：鞋

第五节　数字有理念

该如何创编中国结，编几层结式合适，这里是有讲究的。通过研究传统文化中的数字概念，这个"数字"不再是算术的数字，而是文化理念的"数字"，数字也有自己特殊的文化含义。

"1"这个数是个太极数，宇宙起源、一画开泰之意，是和谐与圆满的寓意。一般编一个结，就是个很好的数。

叠加的结数要从"3"开始。

"3"是吉祥、天地人、进取如意的增进繁荣数。申奥中国结用的就是三层组合。

"5"是种竹成林、福禄长寿的福德集合数。用在敬师、长辈、贺寿、祝福等处。长见五福吉祥之类的结式。

"6"是安稳、吉庆的吉人自有天相数。用在乔迁、安居的平安处，中国人讲究六六大顺。

"7"是精悍、刚毅、果断、勇往直前的进取数。用在武行、镇宅、祛邪处。

"8"是坚刚、志刚、意健的勤勉发展数。用在开业、创业、发奋、发财处。所以许多发财心切的人喜欢选择"8"这个数字。

……

送祝福本身送的就是理念。编中国结图个吉利，数字在文化理念中是很重要的因素。

第六节　寄情于物，突出主题

中国人非常善于寄情于物，我们在编中国结时，首先要意在笔先，突出主题。我们要把自己的思想用饱含文化的方式表达出来。那么该如何做到这点呢，我以一个例子介绍一下。

奶奶是我永远的怀念。我奶奶活了101岁，最后无疾而终。我从小就跟着奶奶，从奶奶手里学会了许多女人该会的手艺：绣花、打毛线、缝纫、盘扣子、剪纸、绘画……她对我的启蒙教育给我打下了基础，影响了我一生。善良朴实、忠诚守信、吃苦耐劳、勤俭节约、分析鉴辨、原则尊严是她传给我的品德。她一生没留财富给后人，最后只剩一个她18岁出嫁时跟她一辈子的破牛皮箱子，上面的老式铜锁都没了钥匙。留下的是她做人的原则。

她去世后，我非常悲痛，就决定把破箱子上的老铜锁取下来，编一个用锁装饰的中国结来纪念她。我请人找来一块正方形三合板，把铜锁镶在中间。木板四角，用上角做提梁，左右两角做对称结，下角做一组主题结，共三组结饰。这个结的主题是锁，锁住对亲人永远的怀念。

通过这组纪念的结饰，也告诉结艺爱好者，中国结寓意情感是十分丰富的，可以以各种形式来表达，这是喜丧的一种祭奠方式。还有一种沉痛祭奠的中国结式样，用白色绳编白色绳结，装白色流苏，是专门挂在黑色幔帐前面的灵堂装饰物。洁白肃穆，寓意深沉，人文品味极高雅别致，是向逝者敬献哀思与敬穆之情的一类追悼的挽联形式。

纪念奶奶的锁结

　　奶奶是农历五月十五日午时生人，我在木板的上面编了一对双飞蝴蝶。在木板的左右两侧对称编寿字结，意为长寿；盘长结，意为一路好走回环通顺；十全结，意为孝子儿孙满堂，下面是流苏。中间一组结是：扇形结，意为终生行善事，她的一生为别人捐赠过十七口棺材；下面配了块圆形玉佩，玉有五德（仁、义、智、勇、洁），意为修德积善，有善终；玉佩下面编了个磬（庆）结，意为长寿善终者无疾而终为喜丧。最下面是一个双翼结，意为驾鹤西行飞去那遥远的天际。三组流苏中间长，两侧稍短。

27

第七节　事事如意，绳编结缘

　　北京人爱吃磨盘柿子。记得小时候，尤其是在冬天，外面雪花飘飘，一家人围坐在火炉边，吃着蜜冻似的柿子，还能嚼到柿子里面滑溜溜的软核片……人们喜爱柿子，不仅仅是它好吃，更因它的发音与"事"字谐音。

　　唐朝第一个开国皇帝唐高祖未当皇帝以前所住的旧居名"兴圣寺"。兴圣寺内有棵柿子树，相传是高祖亲手所植。这棵树历年都生长得很茂盛，每年都结了不少果实。可是，当武则天把唐改建周，又自称皇帝后，这棵柿树就突然枯死了。

　　长安四年（705），唐睿宗在其儿子李隆基拥立下复位，李唐国运有了新的生机。

　　说来也奇了，就在这时，兴圣寺中的那棵枯死了二十年的柿子树，突然又复活了。大臣们争着上贺表，都说柿有七德：一是长寿，二是多荫，三是无鸟窠，四是无虫害，五是霜叶可供赏玩，六是结实嘉如冻蜜，七是落叶肥大，可以临书。如今枯木逢春，正是国家中兴的瑞兆。

　　唐睿宗大喜，即下旨大赦天下，又诏全国军民开怀痛饮三日，共同庆祝。不久，唐睿宗把皇位又禅让给了太子李隆基，就是唐玄宗。从此开辟了繁荣昌盛的开元盛唐时代。

　　为了一棵柿树的复生又结果，全国共庆三天，还引出大赦、禅位等一系列国家大政的更张，这件事给人的印象实在是太深刻了。热热闹闹之间，原本是凡品的柿树，从此加入了佳木瑞果的行列，人们绘其图形，同其他吉祥的花草果木组合成各种图样。如两个柿子与灵芝搭配，称"事事如意"；柿子与百合花再加灵芝组合，称"百事如意"，皆以"柿"谐音"事"为寓意。中国结基本结中的如意结与柿子造型的组合，本身就是"事事如意"的寓意了。这些可应用于人们贺岁、贺诞、贺新婚、贺亲朋好友相聚等各种吉庆快乐的活动。

　　人生要承载许许多多的经历，谁都希望自己的人生中事事如意。所以我选用编筐篮的技法来编柿子，最后还要在柿子蒂的位置编一个如意结式，既形象又贴切地完成这件以柿子寓意的事事如意作品。

　　每当有特殊的朋友来家中做客，你可以送上一个柿子和一个老玉米作为礼物。北京人称玉米是一穗玉米，而不是一个玉米。因此，柿子是"事事如意"，玉米就是"岁岁（穗）平安"。柿子是圆的，玉米是长的，长长圆圆，意为"长长远远"。两件亲手编的绳艺作品送给友人，就是非常好的馈赠。

　　中国人讲究"绳"与"神"谐音作为祈福迎祥的护身符，绳子是有缘分的载体。在快过年的时候，大家编点这类的工艺小玩意儿，会是一件很有趣，也很有实用意义的事。当朋友和亲戚们相聚一堂时，拿出自己亲手编的礼物，送给他们的同时也增进了友谊和尊重，那是再好不过的了。现实生活中的人际交往，为这些小礼品开拓了很有实际意义的礼品市场。

柿子和穗玉米

第四章 中国结编结技巧与经验

直接用一根很长的绳子编中国结，穿和压的变化，反复拉来拽去，非常麻烦不说，绳子本身也被揉搓得变了形。我们要把绳子活用，要逆向思维，把一根绳子截成两根、三根……再把所有的绳子整合成一根，成为由一根绳编出的中国结。

第一节 编结的新技法

编结我们得先从盘长结讲起，盘长结的基础与组合，是传统中国结的主要技法，是学习传统装饰结的开门钥匙。盘长结的特点一是它有经纬的走向，二是两面相同（上下层相同）。也就是说，所有盘长结的走线图，都要交代经纬及上下层穿和压的方法，有人还编出口诀让大家记。对于中老年朋友来说，要学习编结，最大的障碍就是记忆力差，视力也较弱，犯迷糊出错是常有的。所以，现在教大家一种编中国结的创新手法。

一、各色短绳相接编，先起草稿

我们尽量不用单一的红绳来编中国结，因为长时间看红色，会产生视觉疲劳。先把不同颜色的绳截成长度相同的大概50厘米短绳。用这些短绳编基础结构，错开颜色接绳子，把盘长结上下经纬关系用不同颜色区分。

因为色彩的差异，经纬及上下层走绳可以明显区别，不会穿压出错，上下层也能明显分清，各色绳的穿压关系一目了然。这样就克服了编结过程中的第一个困难：因为理不清走绳的关系与看不明白自己是怎么编的，穿错绳的问题。

不同色彩短绳起编结

二、先定走向再替代，最后调整

编结的走向完成后，再把编的结构调紧。各色黏合相接的断头留在外面。结的形状基本抽得完整之后，把你准备最后编这个结的红绳与先前这个打基础的杂色绳结，用打火机把绳子头熔接（打火机熔接绳的手法另有详细介绍），再用镊子一点一点顺着引进所编的结里去，这是一种替换绳子的编结手法。

前面我们把注意力放在结构走绳的正确与否。这时要把注意力放到穿绳步骤的每一个细节，也就是调整细部，使绳子的丝纹顺直，不拧着，松紧度调得合适，最后编出的结面才平整漂亮。这样就克服了编结过程中的第二个困难：绳结编出来高低不平，松紧度不一致，结面拧着不漂亮。

所有红绳替代杂色绳后，一个红色的理想的结饰就完成了。

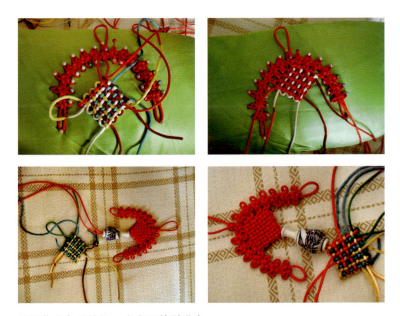

红绳往乱色绳结里一点点顺着引进去

红红的结饰完成了

这时，我们就克服了第三个困难：一根绳完成编结的要求。

现在展现在我们眼前的这样的一个结，一定会给你带来成就感，同时增强你编中国结的自信心。

三、编结好比写文章，分段组合

完成眼前这个盘长结，就好比写文章，先打草稿，段落都完成之后，最后整体串（整合）起来。

编结是一项艺术活动，可以陶冶性情，修身养性。一定要按照图解步骤编，经常动手练习。编结时要记清楚绳的走向，是上面还是下面，是压还是穿。编一个结饰要三分编，七分调。刚编出的结是一个松散的结构，要经过细心调整抽形，才能成型。只有多练才会熟能生巧，要靠自己动手去悟才会明白的。

通过以上介绍编结的方法，我们又克服了第四个困难：找到了学编盘长结起编的基础手法，盘长结的结构不再神秘了。

克服了结构易错这一关，编结水平就能提高很快。这种方法还可以延展到编大型结饰的创作过程中去。

用这种打草稿的方式编绳结，可以触类旁通，举一反三地灵活运用到各种结的编程中去，同时可以把盘长结进行变形来搞创作。盘长结以耳翼的搭接、嫁接，可以千变万化出美丽的新结式，是中国结最常用的编结类型。

这样，第五个困难又被破解了：解除了对复杂结式的畏难思想，敢于去编复杂耳翼变化的各种盘长结。

四、各色绳长巧计算，心中有数

用颜色反差大的短绳，粘凑在一起编中国结的经纬线，能方便创编者的思路，其实还可以很方便地使创编者计算最终所用绳子的长度。

因为各种颜色好识别，每色用绳长度要先心中有数，减去熔接绳头的用绳量，剩下的就是净用绳长度。除此之外，把做耳翼消耗的长度加进去，留长些比短了不够用好。另外，某些结式还要嫁接一些独立的单结，如团锦结、酢浆草结等，绳子的总长度还要加上这些结的长度。

用这种方法，使我们又克服了第六个困难：就是不知最后编这个复杂的结，要用多长的绳子。

五、结编错后不用拆，巧改挽回

当一个结替换好绳子后，又发现其中有穿压错的地方，不用拆，可以补救。

同样是用对颜色反差大的绳子，在结的收尾处，用火熔接连成一根，倒着用镊子把绳子重新引进结里去，引到编错的地方。把绳接头再剪开，用镊子把绳头引到正确的穿压位置后，再把两端绳头火熔接好，从原路引出，结就修改好了。

有朋友说，何必那么费事，直接把错的地方剪开，按正确的位置再接起来不行吗？

其实编结时要心平气和，不急不恼，耐心和毅力能支持你编成一个结。编错时的心气是很烦躁的，绳友的这种思维也不是行不通，我也试用过，但是前提是这个编结的绳得有余量，还必须最后把接头藏好，不然就露出拙点，破坏了结的整体美观。常常因为越改越糟，不少人最后就干脆全拆了。

编中国结是有讲究的，许多人认为一根绳不接接头为顺顺利利，中间有明显的接点为不吉利。毕竟中国结是吉祥文化，在编结者的心里有一种美好的祈盼在里面。

用这种改错的手法，就又克服了会使你心烦气躁、破坏好心情的第七个困难。

盘长葫芦起编杂色短绳搭架子

六、编大型盘长结类，灵活构架

前面所讲的方法，在编一般作品时经常使用。但是到编大型作品时，用绳应更灵活。

编绳结新技法，体现在大型组装零件的变化结中也是很有效的。不仅包括前面所讲的短绳打草稿和替换绳，还包括先编个体组装件，最后通过组装编凑在一起，同时进一步整形，装好后再替换绳。在编草稿个体组装件时，要按做花盘扣的标准进行。草稿做得越精准，替换绳后的结就越精致到位。盘扣的规格大小，可以叠码到一起比划着做，编草稿个体也可这样来做，就不会出现最后的结件有大小和松紧的差异。编绳结组装件，就像盖房子时用的预制件一样，几个结组装件，可以试组合，调整后，再组合，最后定稿编凑，替换成一种颜色的最终用绳。这样整齐精准、造型典雅的大型组合结才正式完成。

有一些主题结的编制像盖古典木结构房子一样。这种结是一个完整造型，不用几种组合结编凑。先搭主体结的框架。搭一段填一段，逐渐把完整结构搭建成型。就像编大葫芦盘长结时，最后该填该补的地方都找齐，准确无误后定稿。这时抽紧绳子，就不需要再考虑结的结构和形准了。最后一步，穿上统一颜色的绳子，绳要走得顺丝，松紧度合适。从里向外替换，有接头地方，提前找好绳长的量，把接头叠压在穿绳下面，一个理想的合乎要求的中国结就编成了。

替换绳子要从里向外替换

定稿颜色替换完成的葫芦结

以上这些都是编绳结中灵活使用，举一反三的方法。

打草稿的概念可以解决几个问题：确定想要编的结式；结构有提纲；穿压好识别；有错提前改；单结嫁接轻松；耳翼搭接随意；用绳量有实际参照；统一颜色完成，绳子纹理不乱；结形精致到位，平顺整齐好看。能做到既按部就班，又从容不迫地创作预想效果的吉祥结。

这种编传统中国结的新概念、新技法，对现在学编中国结的朋友一定会有帮助。要从思想上确立学编中国结的自信心，这比单纯学会一种结的编制步骤更重要。

七、巧编斜卷有手法，绳艺时尚

斜卷结是新中国成立后在民间兴起的绳艺的技法，五十多年来一直是时尚绳艺的主要技法。但是这种技法对新手来说，总是感觉编得不平顺，高高低低的，还硬邦邦的不好看。这个问题是个普遍的技术问题。其实是非常容易解决的问题。

要真正降服绳子，就要了解绳子的秉性。绳子的自然状态是柔顺的，人在编它时，无形中给它传导了一种旋转、扭曲的力量。如果这种力量始终向一个方向，就像搓绳机似的不断给它上劲。这股劲聚在里面，绳子就不柔软顺服了。所以你越编就越较劲，越较劲绳子就越不服贴，怎么会编得好看呢？

　　在我编斜卷结的时候，每编绕一次，捏绳子的手指有一个细微的动作——向反方向搓一下，这几乎是同时完成的动作。这样就释放掉了绳子产生的"逆犟脾气"，每一个编绕过程，始终使绳子处于顺服状态，也就不用较劲去硬拉硬拽绳子，绳子编着顺服，编绳者自己也舒服。在这种状态下，最后完成的绳编作品，它能不好吗？

斜卷结编的老虎

第二节　编结用火巧熔塑绳

前面说过，用一根绳来完成一个中国结的编制。但是，没有一个复杂的结，是真正用一根绳能完成的，它需要分组组合。新手会问，那结的接点怎么会看不见？这就是窍门，行话叫"藏活"，把接点隐藏起来。藏活的手法有多种，在这里专门讲讲在藏活之前，先用打火机熔接绳子的方法。

以前绳子的材质多是丝、棉、麻，接绳的方法多为胶粘，或针线缝，这些材质遇到火就变成了炭灰。现如今化纤材质的绳子占主导地位，它的特点是色彩鲜艳又丰富，遇火即熔，还能改变性状，像琉璃一样凝固变硬定型。化纤绳可塑性强，是任何材质的绳子都不能替代的用绳。这里指的火功，就是掌握打火机熔塑化纤绳的技巧。

一、火熔绳头粘接法

当需要接绳时，我们一手拿打火机，另一只手捏住待接的两个绳子头。用打火机火苗下方的蓝色火，虚烤绳头。直至见到两个绳头都熔化了，迅速放下打火机，两手各捏一根绳头对接相粘，并同时用手去搓一下接点，使接点圆滑平顺，没有毛疵。

这根绳子滑顺粘接成功，无论怎么穿拉绳子，都不影响顺利通过。这时再把绳的接点藏进夹层，压在下面，看不出来破绽就行了。最后要用暗缝的针法固定结形才结实。用火的功夫是需要我们经常实践练习才能真正掌握的技术。刚开始烧得不好，也是正常的。只要坚持，不断摸索和总结经验，很快就能得心应手地运用了。只有能随意接绳，编绳的过程才会减少许多障碍。

烤绳

手捏

熔合

再烤

手搓绳

平顺

二、防烫手指有办法

有人一听下手捏熔化的绳头，怕烫伤手指头。有医生教给我一种解决手指烫伤的办法：烫着后立即捏耳垂，这样绝不会烫伤手指。因耳垂上血管丰富，导热效果好，迅速捏耳垂，把瞬间的高热传导出去，手指就没事了。

三、火功收尾不松扣

当绳子编到结束收尾处，比如编猪耳朵到收尾时，用剪子把余绳剪齐，余绳根部不留或少留一点点绳头。用打火机火苗根部蓝火处虚烤这一排收尾的绳头部位，绳子稍有熔化，迅速用打火机的侧面贴上去压住。待冷却下来，拿开打火机，呈现给你的是光滑平整的收尾，绳的颜色没有因火烤而发生变化，小猪耳朵整齐地完成。因为绳头已经熔化变形，收尾的绳是绝对不会松扣的。另外，猪蹄子和猪尾巴都用这个方法烧熔收尾。尤其是蹄子下面，用打火机背压得平滑工整。

猪耳朵的收尾

剪绳

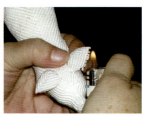
火烤

成型

猪蹄子的收尾

留绳头

火烤

四、巧用火功塑眼睛

利用化纤材质遇火即熔的特性可以做虎的眼睛。利用苹果绿色粗绳，熔出虎幽绿基调眼球，眼球一定要圆润，左右对称，大小相同。最后一步用黑色指甲油点睛，眼睛里的精气神就出来了。同样，小兔的红眼睛可用粗红绳熔烤，最后用黑指甲油或深紫色指甲油点瞳孔。如果用白色粗绳熔烤再点黑瞳孔，就会是黑白色的眼睛，熔白色绳因为易变黑难度相对大些，但是摸索一段也能掌握。

另外，用来烧眼睛的化纤绳越粗，绳芯就越实，所以也就变得很难烧熔。比如用2号绳做，可以先用剪子尖把绳头挑毛一小段，然后把打火机放大一档，用火苗的根部蓝火处烤这段绳头，熔化即摁到点睛的部位，待冷却就黏合在这个部位了。然后，用一把锋利的大剪刀（小剪刀不行），剪留出眼睛成型大概所需的长度，用剪子尖把留下的绳头也挑毛了，再用同样的火力熔烤绳头，像烧琉璃的方法，一个化纤溶球就烧成了，冷却后就是眼球。

烧眼睛时关键是手的感觉要掌握火候时机。要烧得干净漂亮关键是用火苗的根部虚烤，火候稍有点烧过就会变色，或是变黑变糊，就会失败，那样就只能重来一遍，直至成功。

绳子能熔塑在绳艺立体编的造型中，给小动物烧制眼睛的方法是从老北京的琉璃的制作方法中借鉴而得来的。

烧制眼睛的过程

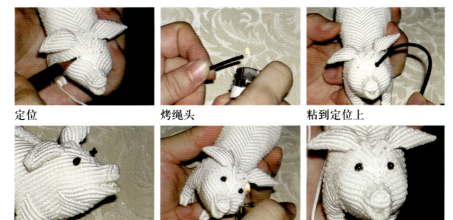

定位　　　　　　　烤绳头　　　　　　　粘到定位上

剪留绳头　　　　　火烤　　　　　　　　成型

五、火功塑利爪

火功可以帮我们完成的创作还有很多。比如，猪妈妈身体上的两排乳头，编纽扣当乳头不太像。用绳子烧熔出自然垂下的状态，比较形象。绳子本身还能当胶棒来用。比如，猪尾巴要卷曲着固定在身体上，可以用同色绳烧熔，粘到猪屁股上，把粘上的绳子剪留出0.2厘米的绳头，再用火熔这个绳头，绳头熔化后迅速粘到身上，等一会儿冷却了，猪尾巴就固定在猪身上了。

虎的利爪，也可以巧用火功。先把白色绳子烧熔，粘到虎掌前的指尖上，然后把利爪长度预留，剪刀斜着下剪，将绳子剪成斜面的锥形。最后用打火机火苗的蓝火焰外侧虚烤，不等绳熔化，刚有点热熔，快速用手搓成向下弯曲的利爪形状，锋利的虎爪就完成了。据说，老虎出爪就是要准备猎杀的动作，别看这时老虎不张嘴，虎威已彰显无遗。

猪妈妈的乳头豆豆

小猪尾巴

老虎掌上的利爪

老虎绿眼球墨瞳孔的头像

五层塔双万代吉祥结

第三节　编结比例视觉效果

一、竖轴挂画，编结比例

中国结的大小可参考国画的尺幅。

目前，楼房的层高大概在2.5米至2.8米左右，所以中国结挂饰最长的组合结最好限在2米左右，不可把天和地都占去，上下各留出一定的余量。

小一些的结饰可以以2米总长的四分之一、三分之二、二分之一编制。按墙总高的五分之四（2米左右）的位置挂结饰。限定在2米格局内越小的结，挂的位置要相对最高，这是视觉的需要。因为小结饰登高会使挂中国结的画面提升，让人们能充分享受吉祥结传递给我们的精气神层面的信息。

二、编结流苏，视觉效果

前面讲的是在墙上挂中国结的比例关系。现在再说一下编结本身的比例关系。

中国文化中讲天人合一，竖向构图比例也要有天地人组合的理念。这种组合是和谐的象征。

一个中国结挂饰本身也是有构图比例的，它的流苏与整体结饰的比例，是构图中非常重要的部分。还有主题结与辅题结的位置安排，结与结之间的变化和比例结构、大小虚实、形状寓意等，还有配饰零件的搭配谐调比例，都属于构图的艺术范畴，影响着这件中国结视觉效果的品质。

编中国传统装饰结，最后的流苏长度的处理，我认为与服装设计的构图比例有着异曲同工之妙。编中国结（指一般的小中国结）的比例是1份，那么流苏比例就应该是2份，或1.5份。这个比例的视觉效果就好看。反之，这个结就显得腿短头大，笨拙而缺灵气。

大一些的组合结，比如三层、五层、七层塔式的结，内容很丰富，就要表现出端庄大方的气质，流苏太长就欠稳重，同时整体结也显得太过长。这个比例可以是2∶1，或3∶1，或5∶2。三层塔式结的长度是2份，流苏是1份。五层塔式结的长度是3份，流苏是1.5份。七层结的长度是5份，流苏是2份。这样做流苏的实际长度并不短，但是在整体结饰上的比例要小于主体结饰。给人的印象应该是华丽长袍内套着长裙的大家闺秀。

三、结面走绳，对称互动

当学会编结，积累了不少单结元素后便可以学习盘长结加单结的组合结，这时有人发现自己编的组合结向一侧偏斜，结是歪的。想纠正，却怎么也纠正不了视觉感。

关于结面走绳的处理问题，无论左右还是上下，只要是对称就不会歪斜。只要看它往一边歪斜，肯定是由不对称造成的，不是两个"入"字跑一顺边，就是两个"人"字偏一方跑。掌握对称与均衡，同时掌握绳子的绳性及脾气，你编绳时才可以得心应手放心去编。

具体的编法，比如圆满结上下两部分的两个盘长结，上面结用"人"字起编，那么，下面的结就用"入"字起编，这样中间穿瓶子，视觉效果上下是相通呼应的。反之上面"入"字起编，下面"人"字起编，也一样和谐。如果上下两个都是"人"字起编，或两个都是"入"字起编，内行一定会看出不舒服，这就是"同而不和"，视觉上才有歪斜感。所以上下编制的规律，同样要遵循阴阳互动原则。

七层塔四季如意吉祥结

左右对称编制的结也一样，比如左右各编一个酢浆草结，中间是个盘长结。只要是对称的编制，不论两个结都向内包（"人"与"入"），还是向外包（"入"与"人"），只要视觉均衡和谐就是对的。中国文化中讲究"和而不同"是"大同"，体现在中国结编制中也是同样的意思，编中国结也体现了这种文化理念。变化中有规律，不同中有大同，这就是结面走绳的互动关系。

有一种结面是例外，旋转的结，如名为"六吉"的结。六个盘长像风扇叶似的，顺一个方向转的结型，这种结顺应一个方向斜过去，永远不会有合，所以不在对称式讨论结面走绳之列。对称和谐的结面给人端正沉稳的视觉效果，不对称或旋转式结面，给人以动感偏倚的视觉效果。

盘长结与对称酢浆草结

第四节　固定结形，暗缝工序

　　暗缝是中国传统手工艺的一种缝制针法，用于编中国结固定结的形状的工序。

　　暗缝从字义上就是藏匿起缝针踪迹的缝制方法。过去奶奶教我做棉袄，为了把棉花绗在里子和面子的中间，还要使布与棉熨帖在一起，在行针纳缝的过程中，必须要表面看不出明显的线迹，又要隐约看得到行与行工整平顺行针的感觉，这就是暗缝在女红生活中的运用。用在编中国结的固定结形，道理是一样的。既不能看出来用线缝制的痕迹，又要起到针线固定绳与绳穿压或扭曲定位形状的作用。这样既不会露出线迹影响美观，还使结形不走样。这种方法在小型结饰非常好用，大型结饰，尤其是自重太重的结，就不太好用了，因为缝线结饰有时会被质量坠拉得更加扭曲变形，这时需要别的方法再辅助固定才行。

　　暗缝在结饰需要改动时，拆去线迹，绳子仍然是软的，可以继续改编。暗缝没有固定的针法，打个线结从夹层的下面进针，为的是藏线头。缝的要领是把上下层的绳子缝合，正面不见线迹就好，几个关键部位就是在挂着上下受力的点与耳翼易拉动的点，把这几个点固定住，结中间部位基本上就受不到力的影响了。还有把一些嫁接上去的结和主体结构融为一体，暗缝也是非常有效的组合手段。暗缝以后要给结饰定型，可以在结的背面喷强力发胶。这两种手段，顺序不能颠倒，因为喷了发胶，缝线的针就非常难扎进绳子中了。

第五章　主题中国结传承结文化

主题中国结用独特的艺术感染力，重新恢复了它千百年前结绳记事的面目，焕发了它的艺术青春。中国传统装饰结是有雄厚底蕴的活的古代文化，它是千百年流传在民间并不断演绎的民族手工技艺，是中国民俗文化中独具特色的艺术瑰宝。

从新中国成立起至今日，国家经历了由穷变富，由弱变强；民族文化事业由小变大；科学技术发展由落后到跨入世界先进水平……祖国翻天覆地的变化历历在目。中华民族世代相传的优秀传统和高尚品德要通过我们这代人发扬光大。

主题中国结所编的结式有文化内涵，并使用与结式内容相得益彰的饰物做搭配互帮互衬。通过中国结的主题表现中华民族的传统文化和民族精神，与建设精神文明保持一种有机的和谐，建立新时代的传统中国文化的新姿态，用有生命的继承来完成历史赋予我们的传承使命。

第一节　单体结代表的寓意

每个中国结中都蕴含着中国人特有的对美好生活的向往和期盼。千百年来，人们把众多美好的愿望不断累加在手中的丝绳上，用自己灵巧的手和无限的智慧，编织美好的未来。

人们根据中国结的名称或形态，赋予了它们不同的寓意。组合结是由单体结组合而成的。了解一些有代表性的单体结和单体组合结的寓意，对创作主题中国结会很有帮助。中国结的式样经过历史的传承，早已千变万化，谁也无法尽然诠释，这里只是一小部分。

纽扣结

又名"释迦结"，意为佛缘。是中式衣服上的纽扣，纽头和襻环又有和谐之意。

同心结

用一根绳编成两个单结相套连而成，因从同一线圈中穿出绳芯来，故称"同心结"，又名"双联结"。一般在起编结或拴挂坠时常用双联结。双联结分竖与横两种编法，竖双联结是一种上下连接的结扣，横双联结是左右连接的结扣，首尾各有一股绳在结扣上自然形成一个圆圈。两种编法的结结构相同，不同的是横双联结首尾形成的圈，竖双联结没有。

双钱结

因像两个铜钱相套而得名。有财源广进，财运亨通之意。

酢浆草结

酢浆草是一种三叶草本植物，掌状复叶。因结的外耳似一株酢浆草而得名。还有人称"小如意结"。是古老的基础结体，用途很广，许多组合结都会用到它，以增添结饰的美观。

47

琵琶结

　　形似乐器琵琶而得名，一般做纽扣结用。

龟背结

　　形似龟背而得名，又称"网目结"。

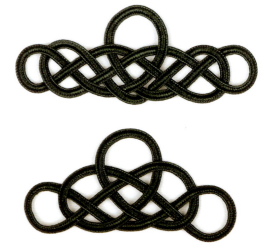

祥云结

　　意为吉祥如意，平步青云。因形似云朵的形状而得名。

玉磬结

　　此结与玉磬外形相似而得名。这是由两个盘长结交叉编结而成。本身可兆瑞祥，人们常用"竹磬同音"来祝愿和谐融洽。"磬"与"庆"又是同音，因此"磬"可用来象征好运，意为吉庆祥瑞，普天同庆。

水滴结

　　形似水滴状，意为似水柔情。

蝴蝶结

　　形似蝴蝶，"蝴"与"福"谐音，又有双钱结的编法，故称"福在眼前"，蝴蝶引申到"福运送至"。这是一个独立的结式。

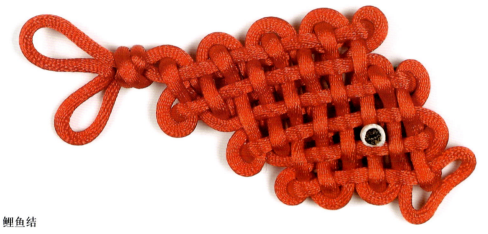

鲤鱼结

　　形似鱼，结法由盘长结变化而来，是独立的结式。意为有余。

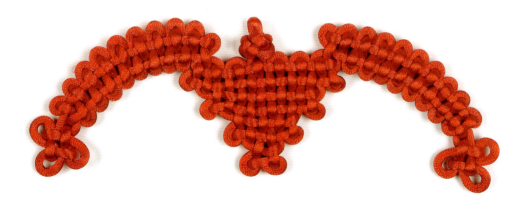

福结

　　结形似蝙蝠，"蝠"与"福"同音。意为福气满堂，福星高照。

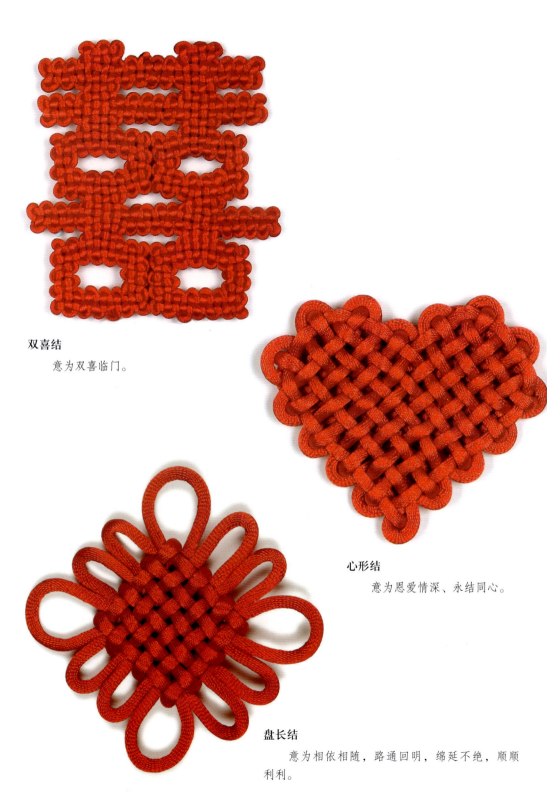

双喜结

　　意为双喜临门。

心形结

　　意为恩爱情深、永结同心。

盘长结

　　意为相依相随，路通回明，绵延不绝，顺顺利利。

梅花结

    意为早报春信，香自苦寒，冰雪傲骨，坚贞不屈。五个花瓣意为五福。

桂花结

    桂花气味甜香，喻尊贵，意为富贵吉祥。

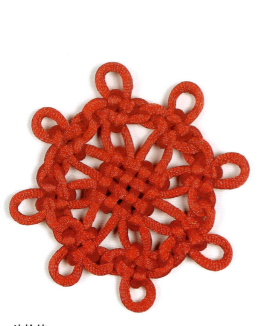

法轮结

　　意为如轮转行，弃恶扬善。

如意结

　　意为万事称心，事事如意。

袈裟结

　　佛教常用，意为永恒不变。

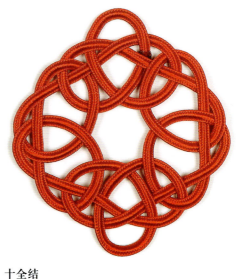

十全结

　　意为十全十美，富贵荣华。

戒箍结

　　替代珠子用的绳球技法，因形像戒箍得名。

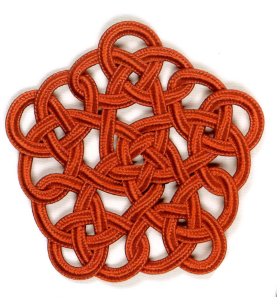

五福结

　　意为五福全。

六吉结

　　意为六六大顺，大吉大利，和谐美满。

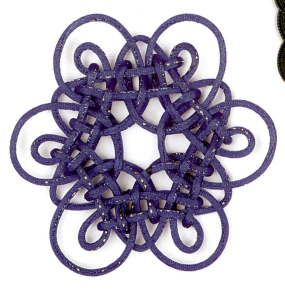

穹顶结

　　是盘长技法的变异，另加绳编的结式。形似宫殿内的穹隆顶部，意为至高无上。

墙垛结（原创）

　　意为长城，强大强盛，众志成城。墙垛结可以理解为像万里长城一样强大的中国，也可以理解成坚强、富强、强盛的中国。结型凝重端庄，有厚重的力量感，是实体结的典型。

万吉形透窗结（原创）

　　梵文中的"卐"字，形状像旋转的风车，意为绵延不断，永远流传，俗称"万吉图案"。多用在古典家具和古建筑的装饰中，首次引用到中国结的结式里。

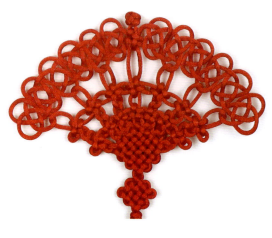

金鱼结（原创）

　　出自老子"金玉满堂，莫之能守"之句，形容财富极多。图案以"鱼"与"玉"谐音组成，也以此誉称富有才学的人，希望今后的日子如鱼得水般幸福，金玉满堂，年年有余。

扇形结（原创）

　　以双钱结组成扇面部分，意为经济基础雄厚；以酢浆草结为扇骨部分，意为百姓；扇柄部分编成盘长结，意为通畅顺明。扇形意为上善若水，从善如流，人心向善，百善孝先，积善载福，弃恶扬善……

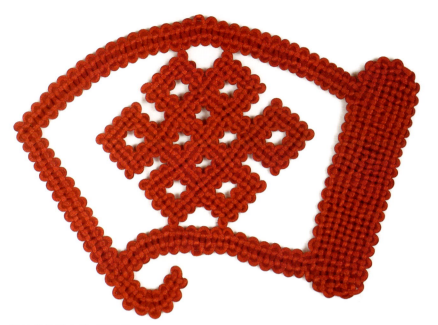

盘长书卷透窗结（原创）

　　这个造型很像扇形，其实它是一轴拉开的书画卷，画面卷曲，右侧还有书画轴。这个结也是用盘长技法来编的，中间还特意编了个大盘长结。寓意很深，有书香门第，知书达理，读书功名，大展宏图，开卷大吉等寓意。总之，与文人文化搭边的都涵盖。

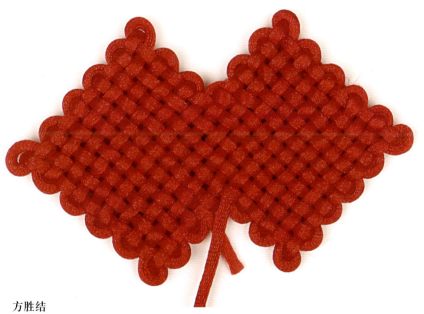

方胜结

　　又称"双方结"，两个盘长套编，你中有我，我中有你，结构通畅回明，代表双赢的寓意。

五方回菱（原创）

　　是由五个方块套在一起的五回菱盘长结，五个方块代表东、南、西、北、中五个方位，同时五个方块暗合九个方块，这就是"东西南北中，五湖四海聚，九九归一统，众志筑成城"，九个方块代表九州方垣，是城池和国家。中间镶嵌了一个十全结，意为人丁兴旺，民族大团结。四个角镶嵌如意结，代表风调雨顺，国泰民安。

四方回菱（原创）

　　四个方块回菱结，上面有瓶（平安），有小穗（岁岁平安）。四个方块暗合七个方块，"七"为刚毅数，象征天下太平，国归一统，岁岁平安。暗寓改革开放，安定团结的大好局面。

如意锁结（原创）

如意大锁，中间是一个十道路径的盘长结，意为夫妻双双顺利通明地走过漫长的人生道路，同时两人之间有一把情感的大锁，牢牢地锁住幸福如意。意为如意吉祥，锁住幸福。

圆满结

圆满平安结，上半圆与下半圆都是盘长结，中间一个瓷瓶，意为平安。外圈是酢浆草结，把整体装饰得圆圆满满。喻示人生圆圆满满，平平安安。

万代葫芦结（原创）

　　葫芦又称"蒲芦"，传说是天地的缩微，里面充溢灵气。葫芦的藤蔓繁茂绵延，果实累累，籽粒繁多。这些特性被人们引申为子孙后代绵延兴旺，故又称葫芦为千秋万代的"万代"，用盘长编万代更是绵延万代之意，意为万代盘长福禄。

双万代结（原创）

　　葫芦有宝葫芦的寓意，又名"万代"，连体是双，为万代成双寓意。用盘长技法编是取通顺回明的吉祥之意。这个连体葫芦下面是两个个体，上面是连体，又为永结同心，夫妻和谐。两个连体葫芦为双万代，意为万代福禄。

五福寿桃透窗结（原创）

　　仙桃庆寿，蟠桃寓寿。桃形用盘长法编，中间镶嵌五福结，寓意五福、贺寿。

十全石榴透窗结（原创）

　　石榴的造型用盘长技法编，意为榴开百子，子孙繁荣，家族兴旺。中间镶嵌十全结，意为十全十美。整体结是家族兴旺，十全十美的寓意。

穹顶桂花透窗结（原创）

　　造型很像桂花形状。四个花瓣用盘长技法编，中间是用酢浆草变异技法加绳子套编的穹隆造型花结。穹隆是古代神庙宫殿内的中心顶部，意为至尊至高的权位，用在桂花结形状的窗框内，代表高贵典雅、尊贵无比的意思。

花轿结（原创）

　　既像轿又似车，中间的瓷瓶意为平安，因整体结型似百福图中"福"的变体字，故称"平安是福"。

篆寿字结（原创）

　　用盘长技法编了一个大大的篆书"寿"字。"寿"字头上有一个如意结，下面有一个张开笑的嘴，口中有一颗牙（寿桃瓷珠），意为老来乐。此结寓意长命百岁，寿比南山，贺寿庆寿。

第二节　不同类型的主题中国结

懂得欣赏和品味中国绳结，并能读懂这些结的文化内涵，学习中国结才能体会到其中的乐趣。

前面所罗列的单体结式，是中国结的文化单元。我们每学会一种结式的技法，就要积累一种结的文化单元信息。无论是结绳记事，还是传情达意，可以用主题整合这些单体的结式。需要在组合结中再融入文化内涵。

通过主题中国结的文化寓意传承中国结的文化，也是历史赋予热爱中国绳艺的人的使命。为了让中国结普及并提高它的文化艺术水准，在此把个人创作的几款不同类型的主题中国结介绍给大家，以供参考。

一、结绳记事申奥结

一个多层塔式的主题中国结，就好比一首抒情曲。整首曲子有节奏，有主旋律，有序曲和高潮，还有终曲。结的层次就是节奏，主题就是主旋律。在不同的塔式结中，最顶端的结是序曲，最下面的一个结是终曲，中间占重要位置的是主题，可以是编的主题结，也可以是主要配饰件（如香樟木雕花板或玉璧、荷包等）。

为庆贺中国成功申办第29届北京奥运会，我创遍了三层塔式的主题中国结。主题是祝2008年奥运会马到成功，简称"申奥中国结"。

三层塔的顶层是序曲：一个耳翼变化的花磬（庆）结，寓意庆祝。

中间部位是主题结：一个大红双喜的圆盘，沿盘圈用太阳结做主题结的背景结，寓意欢天喜地。在这个大圆喜字盘上方天的位置，用五彩变色绳编了四个数字2008，寓意色彩斑斓的2008年。在喜字盘下方地的位置，按照奥运会标五环颜色的排序，编了五匹奔跑的马，寓意五马奔腾。主题位置的绳结元素寓意为"2008奥运会马到成功"。

最下面的终曲：编了一个八道耳翼盘长结，意为顺利成功。

下面有两支流苏，占整体结比例2：1的长度，穗之上穿有两粒珠子是惊叹号的那个"点"，流苏是惊叹号的那一"竖"。

整个主题结完整地编成了一句话：欢天喜地庆祝2008年北京奥运会马到成功！

正因为主题鲜明，绳结编的样式有特色，加上结绳记事的文化传承，赋予了中国传统装饰结与时俱进

结绳记事主题结：申奥中国结

的新生命，此结被首都博物馆收
藏，并命名为"申奥中国结"。

　　虽然2008年已经过去，但是
这件记载国家大事的中国传统装
饰结，给我们留下的历史记忆是
永恒的。中国结的艺术魅力，就
是通过编结人情感的寄托，指尖
上精湛手工技艺的创造，再通过
中国结主题特有的艺术语言，展
示给世人传情达意的吉祥美好的
祝福。所以说中国绳结是会说话
的文化传承。

二、自勉自信主题结

我很喜欢梅兰竹菊四君子图，于是买了一块圆形香樟木雕花板。但是体积稍小，不显大气，于是想编套中国结给它做一下装饰。一个不经意的尝试，竟找到了传统民俗手工艺文化的气和点。从那个时候起，我发现香樟木雕花板与中国结相得益彰的搭配，能使蓬荜生辉。

中国结表现形式很有限，内容寓意也不宽泛，而且多为小件饰品，不见大型作品。红绳子无论怎么变化，在外行眼里都差不多，没有感观的视觉影响力。

雕花板的图案多是吉祥图，以它特有的表现形式能达到"借物言志，托物兴辞"的效果。有些图案内容经过了岁月的考验，已经约定俗成，完全渗透于民众的日常生活和意识形态之中，是一种有深厚的民俗文化内涵的民族手工艺品。

浙江东阳木雕和传统装饰中国结的文化是一脉相承的。东阳木雕是有图必有意，我们编结也是有结必有意，所有的意必是吉祥，都是吉祥文化的主题。在古为今用，推陈出新，继承和发展的道路上，把祖国优秀的传统文化重新组合，为新时代的文化艺术增添一抹亮色。

此结为四部分：

顶层：编了一字盘长和耳翼磬结，还有团锦结、藻井结、酢浆草结、纽扣结、六道盘长结，远处看是花团锦簇的起编结。

第二层：圆形香樟木雕花板。内容是民俗文化中称为"四君子"的梅、兰、竹、菊，还有两只绶带鸟。

绶带鸟：意为长寿，久远。

梅花：在寒冬腊月，傲雪之梅，先天下而春，凌岁

自勉自信主题结：梅兰竹菊四君子

66

寒而绽放的特征，比拟为人格理想的象征，坚贞不屈。

兰花：叶飘逸，花清幽芳香，素洁淡雅，其美丽的花朵象征正气清远。同时中国人有秉兰辟邪的习俗，还用兰花象征生活的和谐美满和同心同德的友谊。

竹子：节坚心虚，清秀素洁，历四时而常茂，值霜雪而不凋。为此，人们赞誉它高风亮节，是风度潇洒的君子，象征正直虚心。

菊花：盛开在秋霜凌寒季节，为此人们赞誉它为傲霜之花，一直为诗人画家所偏爱和赞美。象征高洁的品质。

下面编的中国结，基本是混编的内容，没有分层的概念，远观就是一个整体的大结构。有纽扣结、戒箍结、如意结、藻井结、团锦结、酢浆草结、盘长结、双钱结，还有一个四回菱的大结，组成一个牌坊式（古典牌坊）的结型，在这个结的左右各编一个流苏，中间一块玉兽脸谱（辟邪），意为岁岁平安。最下边是红色龙晴金鱼，寓意带来吉祥和幸福。

长长的流苏，意为长远永恒。

这件四君子作品最大的特点就是把屋子的空间感拉高了，使居室里充满了暖暖的艺术氛围。

三、婚庆贺喜主题结

龙凤呈祥是一个很古老的题材。相传，为庆贺舜治国有方，金龙彩凤腾云驾雾而来，翻飞彩翼，回环逶迤，竟使从没见过这两种瑞兽灵禽的舜看呆了，忙向辅佐过尧的老臣苍舒请教。苍舒兴奋地说："这是龙凤呈祥呀！龙至则风调雨顺，五谷丰登；凤来则国家安宁，万民有福。自盘古开天辟地以来，龙飞凤舞，代有见闻。但是万象明德，龙凤双呈，还是头一回哩。"众人狂喜，一起向舜唱起了颂歌……从此以后，"龙凤呈祥"便成了祝颂国泰民安的同义词。后来，民间又把这种吉祥图饰延伸用在婚姻嫁娶之中，祝福新郎新娘美好祥瑞。

这件主题为龙凤呈祥的大型挂件结，也是由五层结构组成。

第一层：花团锦簇下的花轿结，寓意夫妻和美，平安是福。

第二层：龙凤呈祥主题的香樟木雕花板，花板是扇面形，暗含百善孝为先的寓意。

第三层：是个盘长编法的双喜字，意为双喜临门。盘长编法，意为一生一世顺利通明，没有解不开的结。

第四层：是一把如意锁，紧紧锁住

婚庆中国结大型挂饰：龙凤呈祥

吉祥如**意**。

　　第五层：是一条大红金鱼，希望今后的
日子如**鱼得**水般幸福，金玉满堂、年年有余。

　　这件作品是比较典型的中国结形式，是
专门为**祝贺**婚庆的高档中国结挂饰礼品，有铭
刻终生**幸福**的纪念意义。尤其是双喜结一改以
往的小**结体**组合成的喜字结，顺畅端庄凝重，
是融剪**纸造**型的形式和绳艺特色为一体的吉祥
符。五层**塔式**的组成也具有祝有五福的内涵。

十、赞美及歌颂祖国的结

此结主题是"祖国颂"，七层结构，歌颂伟大富强的祖国。寓意强势的编七层组合主题结。

第一层：蝶恋花。两只蝴蝶为福迭，寓意幸福绵长。

第二层：牡丹花香樟木雕花板，圆形八瓣花的形状。牡丹象征富贵，富饶，富足，富余，富强……

第三层：墙垛结。意为中国长城，接上富贵牡丹又可组成富强的中国，强盛的中国，国富民强的中国……

第四层：四个方块回菱结。寓意祖国改革开放、安定团结的大好局面。

第五层：两个菱角。菱角是水生植物，形状像蝙蝠，意为智慧，活泼，取"菱"与"灵"同音，寓意人杰地灵。

第六层：花扇结。酢浆草寓意人民，双钱结寓经济基础，盘长结寓通顺回明。扇子意为上善若水，从善如流，人心向善。

第七层：金鱼。北京的龙睛鱼象征如鱼得水般的幸福生活，承载着对祖国美好的祝愿。

最下面长长的流苏，意为久远。

祖国颂主题中国结

心造意境的绳味结韵

　　挂在家里的中国结，就像挂一幅中国画。闲暇之余，站在它面前，慢慢地品味欣赏从每一个精美结式传递给你的内涵。同时看它那如花似蝶，如仙在舞，如诗如画的曼妙精美的工艺，传递着编结人的巧思寓意，你会掀起无限的联想，进入优美的心造意境。让身心得到愉悦，这就是吉祥结所能给你创造的生活情趣。